FIGURES

POUR L'ALMANACH

DU

BON JARDINIER.

33 Planches

(coloriées à la main)

FIGURES

POUR L'ALMANACH

DU

BON JARDINIER,

Représentant les Ustensiles le plus généralement employés dans la culture des Jardins : différentes manières de marcotter et de greffer ; de disposer et former les Arbres Fruitiers : enfin tout ce qui est nécessaire pour la parfaite intelligence des termes de botanique ou de jardinage employés dans cet Ouvrage , relatifs aux formes et directions des racines, tiges , feuilles, fleurs, etc. , etc. : le tout accompagné en regard de notes explicatives.

Ouvrage utile à toutes les personnes qui , possédant le Bon Jardinier, veulent cultiver par elles-mêmes ou gouverner leur jardin , marcotter, greffer , palisser , etc. , et se familiariser , sans une trop grande application , avec la Science de la Botanique.

SECONDE ÉDITION,

CORRIGÉE, ET AUGMENTÉE DE CINQ PLANCHES.

PARIS,

AUDOT, LIBRAIRE,

RUE DES MATHURINS SAINT-JACQUES, N°. 18.

1800

Les contrefacteurs seront poursuivis.

Racines.
Pl. I.

PLANCHE Ire.

RACINES.

Racine Simple, fig. 1, 2, 3 ; et planche, VI, fig. 11.
    Charnue, fig. 1, 2, 3, 9, 10 ; et pl. VI,
        fig. 11.
    Fusiforme, fig. 1, 2.
    Pivotante, fig. 1, 2 ; et pl. VI, fig. 11.
    Tubéreuse, fig. 3, 10.
    Ligneuse, fig. 4.
    Ramifiée, fig. 4.
    A plusieurs gemmes (*multiceps*), fig. 5, 9, 10.
    Fibreuse, fig. 6, 7 *a a a*.
    Rampante, fig. 7.
    Tuberculeuse, fig. 8.
    En chapelet, fig. 8.
    Noueuse, fig. 9.
    Bulbeuse, fig. 11 et 12.
        à tuniques concentriques, fig. 11.
        à écailles, fig. 12.

RADICULES, petites racines procédant des plus grosses, et qu'on appelle *Chevelu*, lorsque rassemblées en nombre et très-fines, elles font l'effet d'un paquet de cheveux, fig. 6, 7 *aaa*, 9 *a*, 11 *a*.

PLANCHE II.

TIGES.

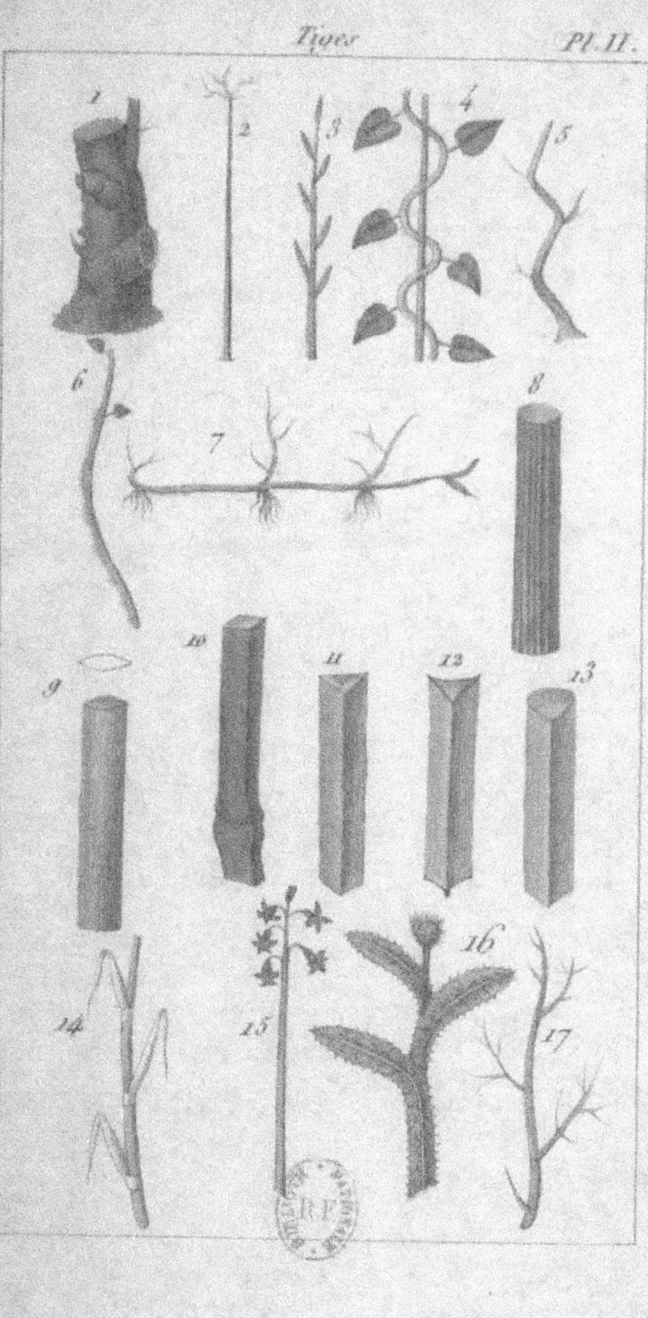

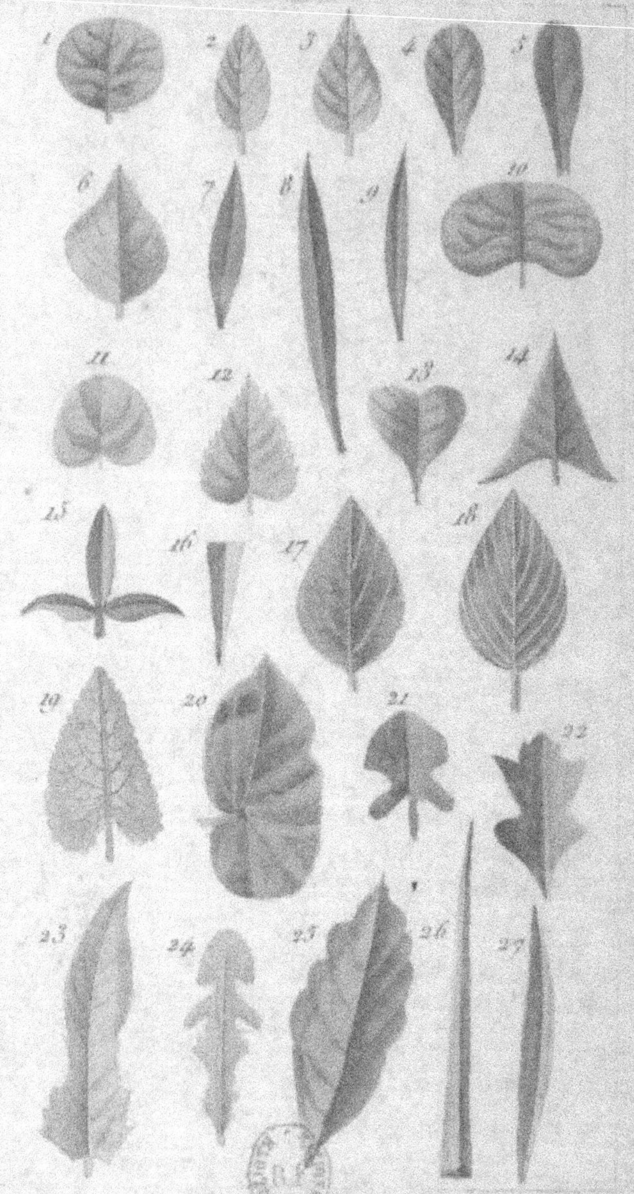

1
2
3
4
5
6
7
8
9
10
11
12
13
14
15
16
17
18
19
20
21
22
23
24
25
26
27

PLANCHE III.

FEUILLES.

Feuille Orbiculaire , fig. 1.
    Ovale-obtuse, fig. 2.
    Ovale-aiguë , fig. 3.
    Obovée ou ovale renversée , fig. 4.
    Spatulée ou en spatule , fig. 5.
    Rhomboïdale , fig. 6.
    Lancéolée , fig. 7.
    Linéaire-lancéolée, fig. 8.
    Lancéolée-linéaire , fig. 9.
    Réniforme , fig. 10.
    En cœur arrondi, fig. 11.
    En cœur aigu , fig. 12.
    En cœur renversé, fig. 13.
    Triangulaire, fig. 14.
    En hallebarde, fig. 15.
    Cunéiforme ou en coin , fig. 16.
    Nerveuse, fig. 17.
    A côtes, fig. 18.
    Veinée , fig. 19.
    Oblique , fig. 20.
    Auriculée ou à oreilles , fig. 21.
    Lyrée ou en Lyre , fig. 22.
    Panduriforme ou en violon, fig. 23.
    Runcinée , fig. 24.
    Ondulée , fig. 25.
    Triangulaire , fig. 26.
    Concave , fig. 27 ; et pl. V , fig. 4.

PLANCHE III (bis.)

FEUILLES.

Feuille Filiforme, fig. 1.
Feuilles Linéaires, fig. 2.
Feuille Subulée, fig. 3.
      Oblongue, fig. 4.
      Elliptique, fig. 5.
      Ensiforme ou en épée, fig. 6.
      En langue ou linguiforme, fig. 7.
      Sinuée, fig. 8.
      Sagittée ou en fer de flèche, fig. 9.
      Hastée, fig. 10.
      Laciniée, fig. 11.
      A cinq lobes ou quinquélobée, fig. 12.
      Pinnatifide, fig. 13.
      En capuchon, fig. 14.

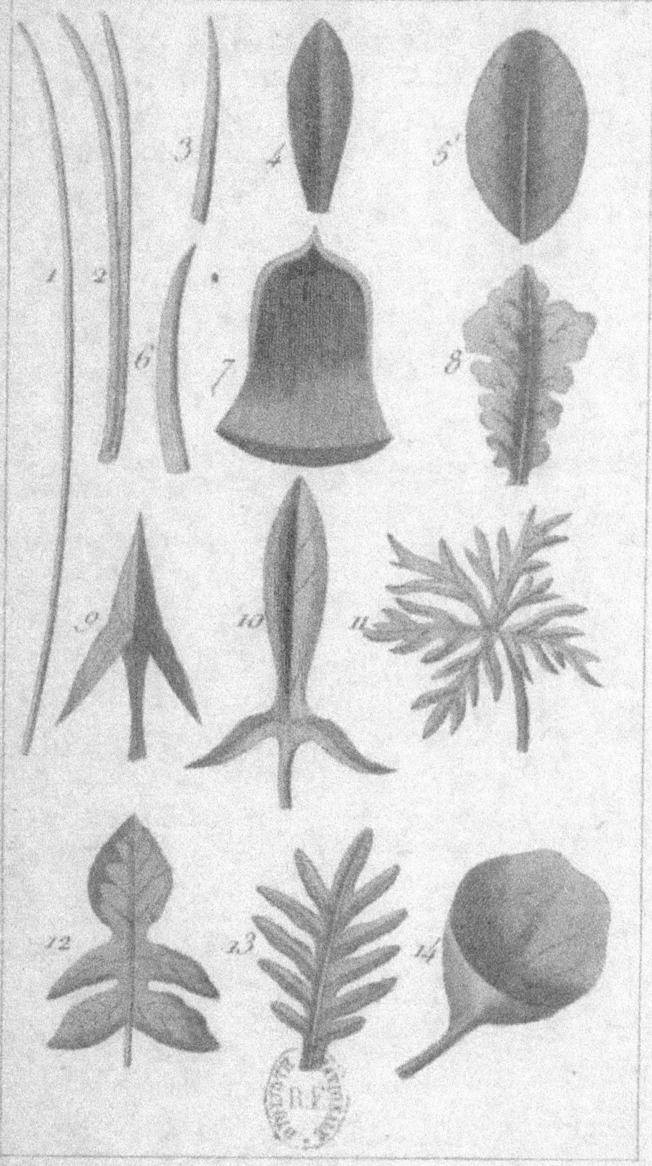

PLANCHE IV.

FEUILLES.

PLANCHE V.

FEUILLES.

Feuille Plane , fig. 1.

      Peltée , fig. 2; et pl. VI , fig. 9 c.

      A pétiole ailé, fig. 3.

Feuilles Radicales , fig. 4.

Feuille Dolabriforme ou en doloire , fig. 5.

      Ailée avec impaire , à folioles dentées , fig. 6.

      Ailée terminée par une vrille , fig. 7.

      Bipinnée ou deux fois ailée , à folioles lancéo

        lées , fig. 8.

      Tripinnée ou trois fois ailée , fig. 9.

Feuilles Rassemblées (*folia conferta*), fig. 10.

      Amplexicaules, fig. 11.

Feuilles.
Pl. V.

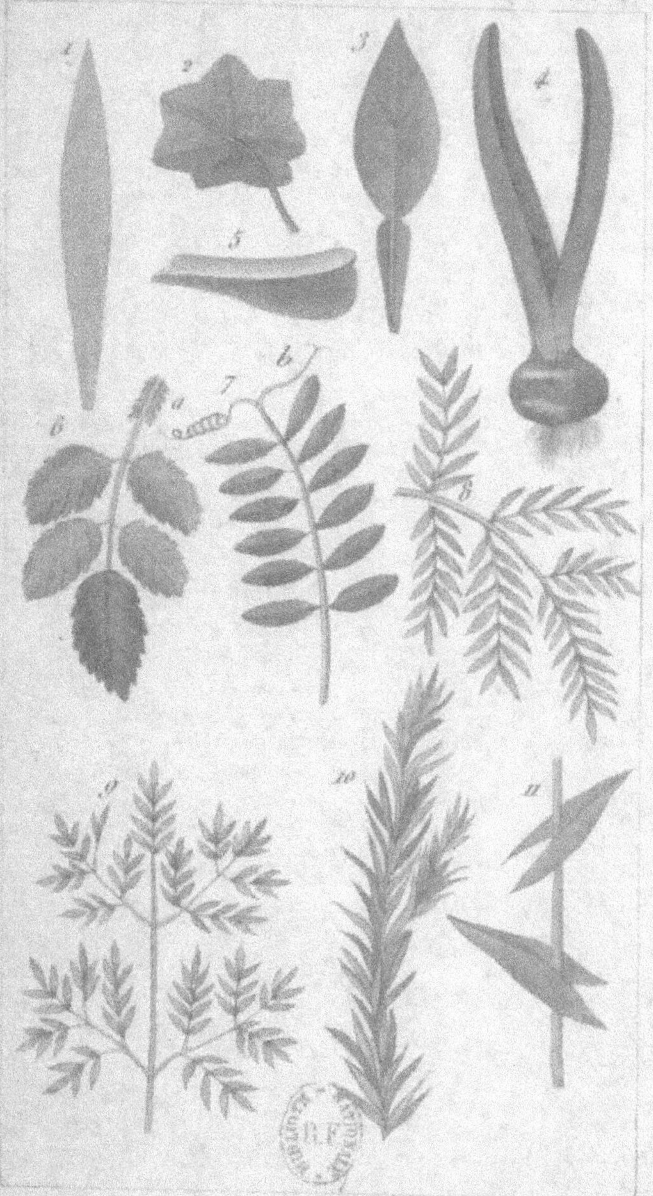

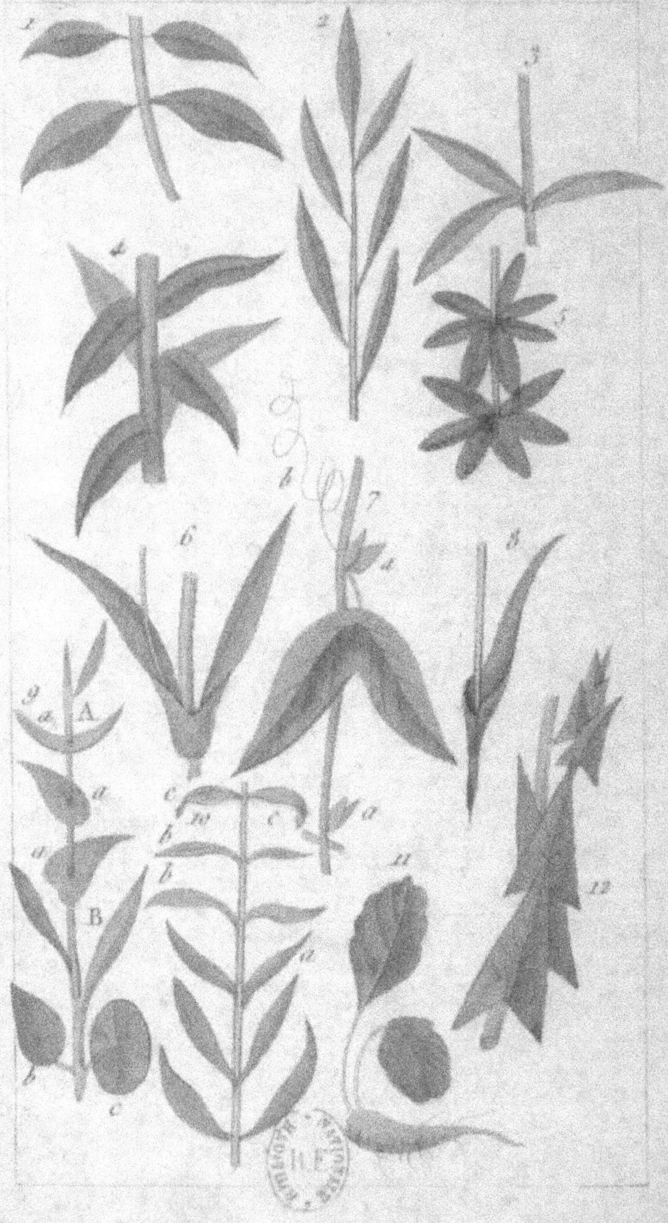

PLANCHE VI.

FEUILLES.

PLANCHE VII.

INFLORESCENCE.

		Noms des plantes données pour exemples.
1	Hampe uniflore.	Erythrone dent-de-chien.
2	Tige uniflore.	Epervière piloselle.
3	Fleurs en épi.	Plantain moyen.
4	Epi unilatéral roulé en crosse.	Héliotrope du Pérou.
5	Fleurs en bouquet.	Lilas commun.
6	Fleurs en tête.	Ail, Ognon.
7	Fleurs en corymbe.	Achillée millefeuille.
8	Fleurs en ombelle.	Carotte commune.
9	Fleurs en panicule.	Pâturin aquatique.
10	Fleurs en verticille.	Phlomide de la Martinique.
11	Fleurs axillaires et solitaires.	Lysimaque nummulaire.

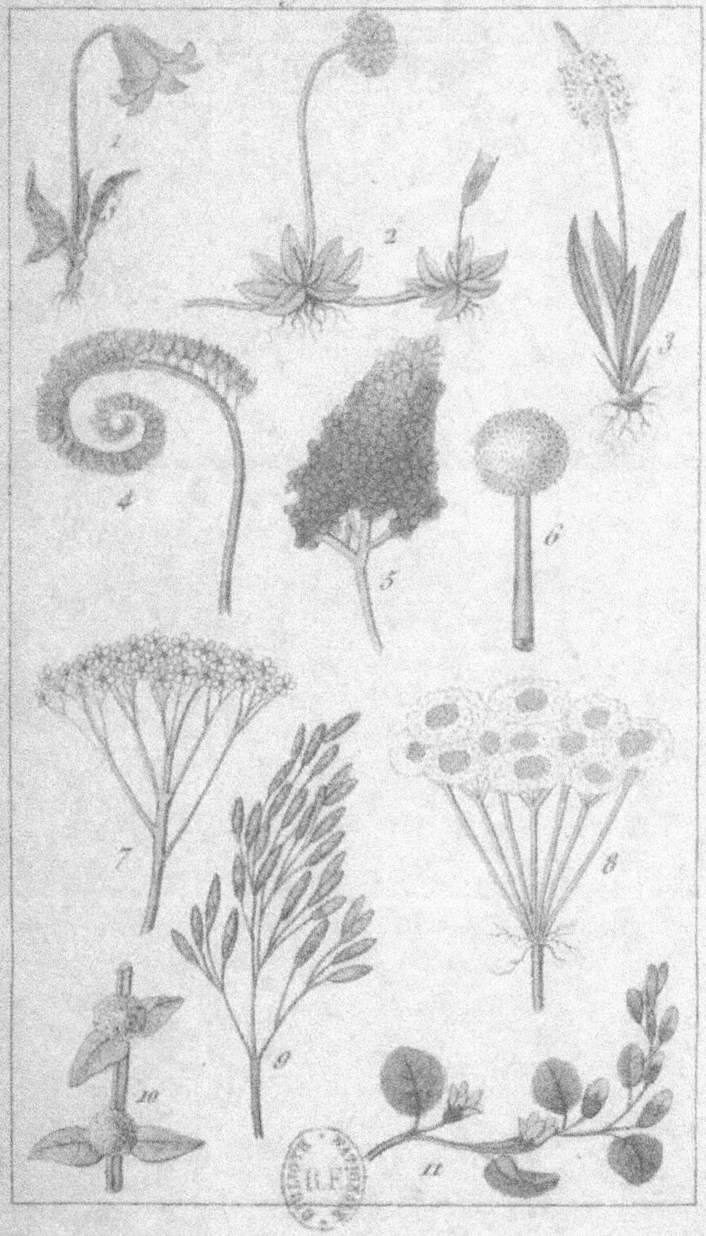

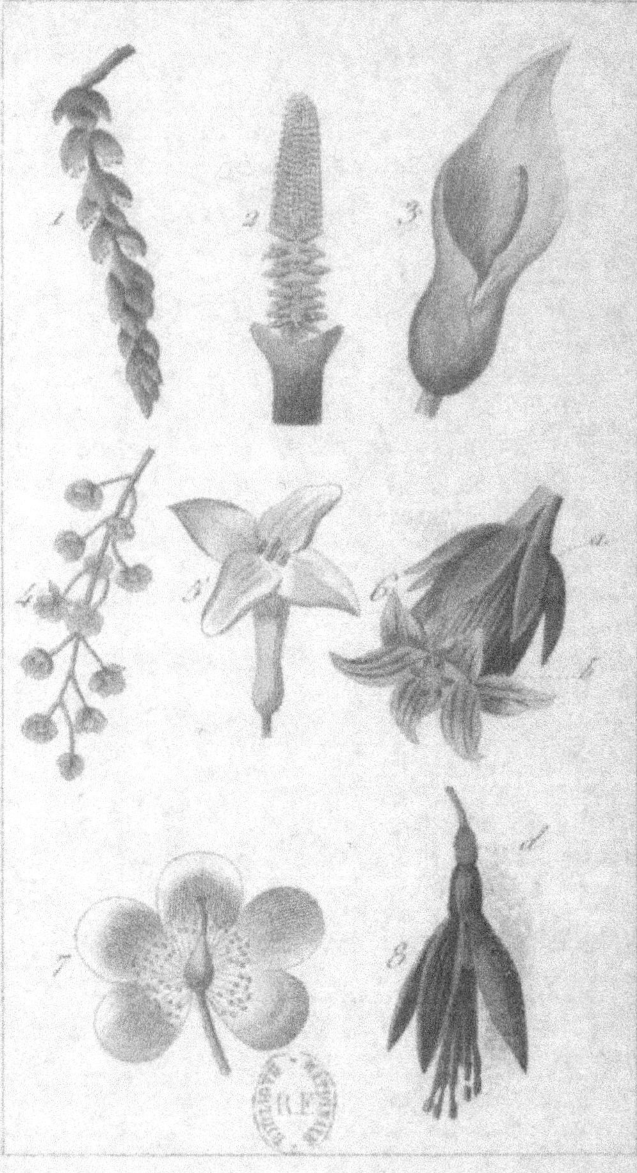

Inflorescence. Pl. VIIbis

PLANCHE VII (bis.)

INFLORESCENCE.

		Noms des Plantes données pour exemples.
1	Fleurs en chaton.	Charme commun.
2	Fleurs portées sur un spadice.	Calla d'Éthiopie.
3	Fleurs enveloppées dans une spathe.	Gouet maculé.
4	Fleurs en grappe.	Epine-Vinette commune.
5	Fleur monopérianthée, n'ayant qu'une seule enveloppe florale.	Daphné odorant.
6	Fleur dipérianthée, ayant deux enveloppes florales distinctes ou un calice a, et une corolle b.	Canarine campanulée.
7	Fleur superovariée, dont l'ovaire c, est supère.	Abricotier commun.
8	Fleur inferovariée, dont l'ovaire d, est situé au-dessous des enveloppes florales.	Fuchsie écarlate.

PLANCHE VIII.

FLEURS MONOPÉTALES.

		Noms des Plantes données pour exemples.
	Fleur infondibuliforme.	Dentelaire rose.
2	à tube étroit.	Jasmin officinal.
3	à limbe resserré.	Vipérine à feuilles de Plantain.
4	à tube évasé.	Liseron tricolor.
5	Fleur en lis.	Lis blanc.
6	campanulée.	Campanule Raiponce.
7	en roue.	Morelle tubéreuse.
8	en grelot.	Muguet de mai.
9	labiée.	Phlomide frutescente.
10	personnée.	Muflier majeur.
11	anomale.	Aristoloche élevée.

PLANCHE IX.

FLEURS POLYPÉTALES.

1		Begonia oblique.
2	Fleurs inégales.	Géranier très-beau.
3		Gesse sauvage.
4	Fleur irrégulière.	Un fleuron de la Centaurée.
5	Fleur radiée.	Chrysanthême tardif, Bluet.
6	Épiet de Fleurs gluma-cées.	Brome géant.
7	Une seule fleur glumacée.	Fleur d'une graminée.
8	Fleur rosacée.	Rosier luisant.
9	Fleur caryophyllée.	Œillet des Chartreux.
10	Fleur crucifère, en croix ou cruciée.	Giroflée de rivage.
11	Fleur anomale.	Dauphinelle commune ou Pied-d'alouette des champs.

PLANCHE X.

FORMES ET PROPORTIONS DES ÉTAMINES ET DE LEURS DIFFÉRENTES PARTIES.

Anthère terminale et à deux lobes. Ex. le Payot Coquelicot, fig. 1.

Anthère en fer de flèche. Ex. le Froment jonciforme, fig. 2.

Filament articulé, avec anthère terminale. Ex. Mélastome à fleurs en cime, fig. 3.

Filament coudé, et ayant, vers sa partie moyenne, un renflement cordiforme. Ex. Maherne pinnée, fig. 4.

Filament renflé dans sa partie supérieure. Ex. Sanguisorbe du Canada, fig. 5.

Filament aplati bifide. Anthères placées sur les bords. Ex. Bryone dioïque, fig. 6.

Filament surmonté d'un renflement arrondi qui supporte l'anthère. Ex. Cyanelle bleue, fig. 7.

Filament renflé à sa base, et muni d'une dent particulière. Ex. Bourrache officinale, fig. 8.

Anthère versatile. Ex. Crinole à feuilles larges, fig. 9.

Anthère ouverte à son sommet par deux trous. Ex. Morelle lancéolée, fig. 10.

Étamines monadelphes. Ex. Ketmie de Syrie, fig. 11.

Étamines diadelphes. Ex. Baguenaudier frutescent, fig. 12.

Étamines polyadelphes. Ex. Mélaleuque à feuilles de Millepertuis, fig. 13.

Anthère prolongée en une appendice à sa base. Ex. Bruyère élevée, fig. 1.

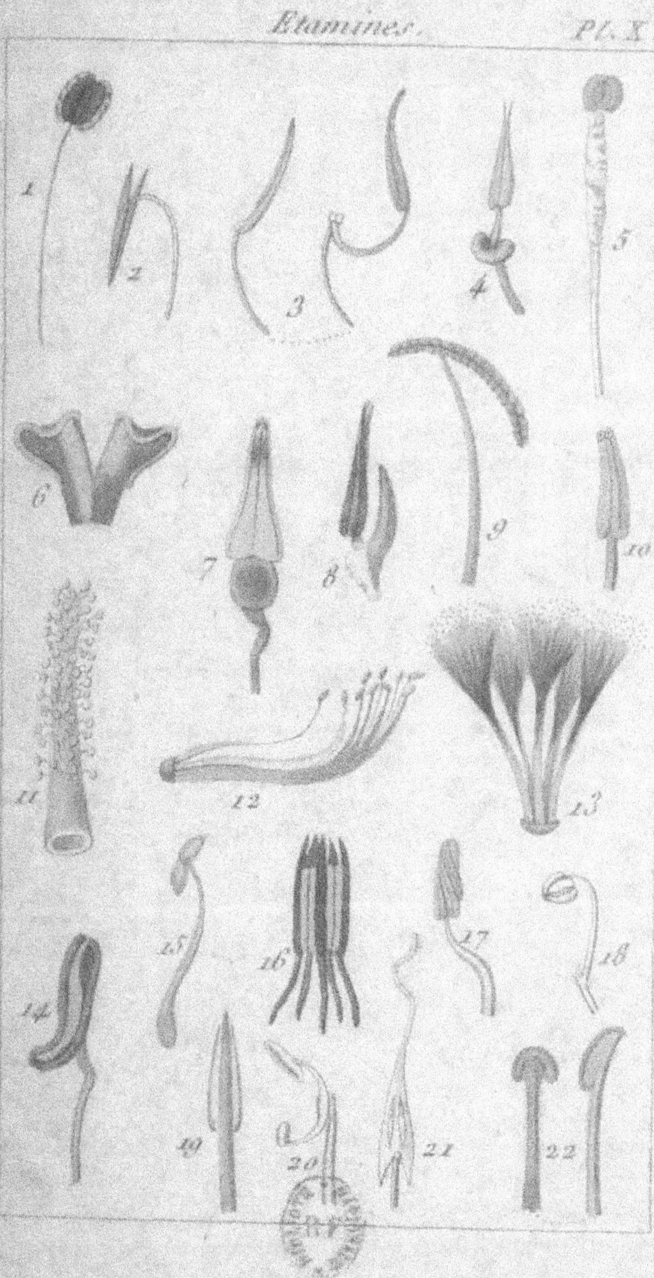

Anthère à deux lobes divergens. Ex. Galane barbue, fig. 15.

Anthères réunies par leurs bords. Ex. Astère à grandes feuilles, fig. 16.

Anthères tordues en spirale. Ex. Chironie frutescente, fig. 17.

Anthère en tête, portée sur un filament coudé inférieurement et arqué dans sa partie supérieure. Ex. Atropa belladone, fig. 18.

Anthère adnée à la partie latérale du filament. Ex. Clématite odorante, fig. 19.

Loges de l'Anthère séparées par un filet porté transversalement par le filament. Ex. Sauge officinale, fig. 20.

Anthère en fer de flèche, prolongée en un filet particulier. Ex. le Laurier rose, fig. 21.

Anthères comprimées et arrondies. Ex. Molène ridée, fig. 22.

PLANCHE XI.

FORMES ET PROPORTIONS DU PISTIL ET DE
SES DIFFÉRENTES PARTIES.

Ovaire surmonté d'un style simple et terminé par un
stigmate à deux lames. Ex. Houstone à fleurs écar-
lates, fig. 1.

Ovaire chargé de deux styles pectinés. Ex. Froment jonciforme, fig. 2.

Ovaire à style subulé. Ex. Pavier à grands épis, fig. 3.

Ovaire à style latéral, plus gros au sommet qu'à la base.
Ex. Rosier de la Caroline, fig. 4.

Ovaire surmonté d'un style qui se divise en cinq branches
dans sa partie supérieure, et est terminé par cinq
stigmates. Ex. Ketmie de Syrie, fig. 5.

Ovaire chargé de trois styles réfléchis, à stigmates plu-
meux. Ex. Patience maritime, fig. 6.

Ovaires réunis ensemble par leur base, et surmontés de
styles distincts. Ex. Nigelle cultivée, fig. 7.

Ovaire surmonté d'un style arqué renflé à son sommet.
Ex. Embothrium soyeux, fig. 8.

Ovaire surmonté d'un style trifide, à stigmate réfléchi.
Ex. Carex faux-cyprès, fig. 9.

Ovaire à trois styles bifides et à six stigmates, formés de
plusieurs portions articulées. Ex. Begonia oblique,
fig. 10.

Ovaire surmonté de trois styles divariqués, terminés
chacun par un stigmate globuleux. Ex. Grenadille
ailée, fig. 11.

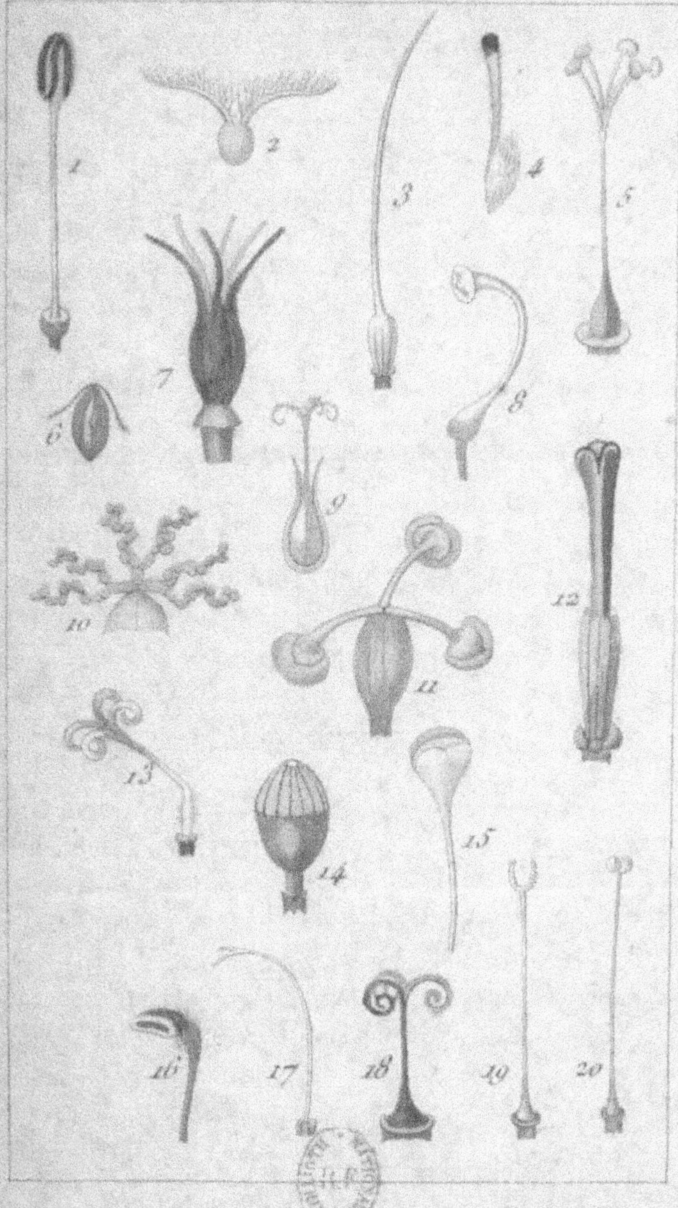

Ovaire surmonté d'un style triangulaire, à trois stigmates.
Ex. Lis de Pomponne, fig. 12.

Style faisant un coude avec l'ovaire, et terminé par plusieurs stigmates roulés en dehors. Ex. Épilobe à fleurs en épi, fig. 13.

Ovaire chargé d'un stigmate sessile en plateau. Ex. Pavot coquelicot, fig. 14.

Style terminé par un stigmate comprimé, bifide. Ex. Mimule visqueux, fig. 15.

Style arqué dans sa partie supérieure, et terminé par un stigmate urcéolé. Ex. Goodenie ovale, fig. 16.

Ovaire à style filiforme, à stigmate bifurqué. Ex. Sauge officinale, fig. 17.

Ovaire à style simple, terminé par trois stigmates roulés en crosse. Ex. Campanule fausse-raiponce, fig. 18.

Ovaire à style filiforme, terminé par deux stigmates oblongs, grenus. Ex. Liseron des haies, fig. 19.

Ovaire dont le style se termine par deux stigmates globuleux. Ex. Ipoméa pourpre, fig. 20.

PLANCHE XII.

FRUITS.

		Noms des Fruits donnés pour exemples.
1	BAIE (*Bacca*).	} Groseille à maquereau.
2	La même coupée.	
3	Autre BAIE. (LIN. JUSS.)	Fraise.
4	Autre BAIE. (LIN. JUSS.)	} Fruit du Rosier du Kamt-schatka.
5	La même coupée.	
6	BAIE composée.	Framboise.
7	DRUPE (*Drupa*).	} Abricot.
8	Le même coupé.	
9	LÉGUME (*Legumen*).	} Baguenaudier moyen.
10	Coupe du même.	
11	POMME (*Pomum*).	} Poire *dite* Cuisse-Madame.
12	La même coupée.	

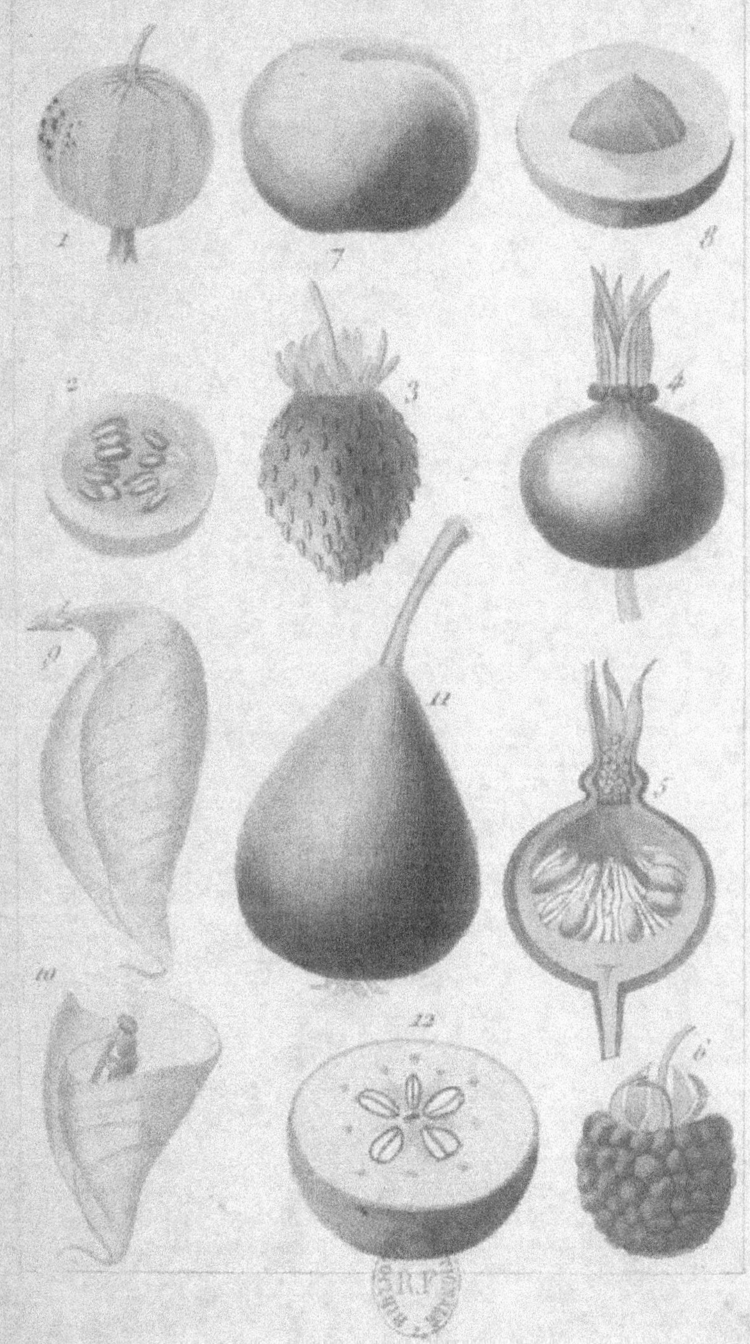

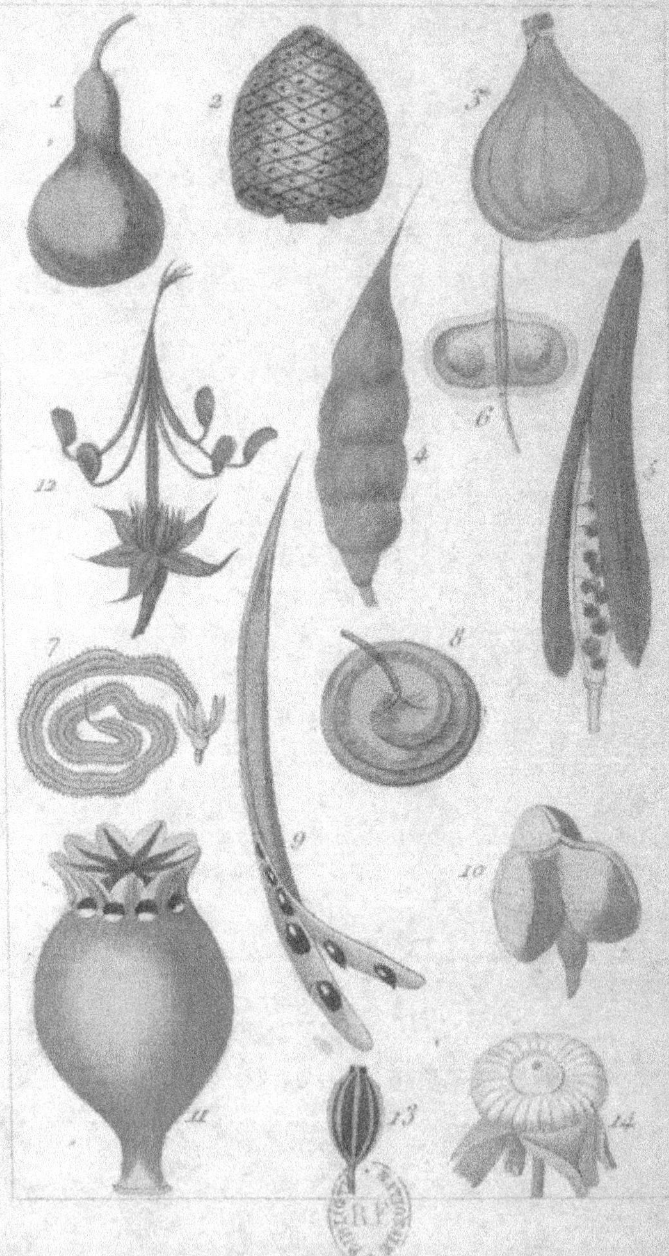

PLANCHE XIII.

FRUITS.

		Noms des Plantes dont les Fruits sont donnés pour exemples.
1	Calebasse.	Courge gourde.
2	Cône.	Pin pignon.
3	Figue.	Figuier commun.
4	Silique indéhiscente.	Raifort cultivé.
5	Silique à deux valves.	Giroflée jaune ou de muraille.
6	Silicule.	Biscutelle auriculée.
7	Légume hérissé.	Scorpiure rude.
8	Légume orbiculaire.	Luzerne orbiculaire.
9	Légume linéaire.	Trigonelle fenu-grec.
10	Capsule à trois valves.	Jacinthe tardive.
11	Capsule couronnée.	Pavot somnifère.
12	Capsule à cinq coques.	Géranier.
13	Fruit des Ombellifères.	Angélique à feuilles d'ancolie.
14	Fruit multicapsulaire.	Alcée à feuilles de figuier.

PLANCHE XIV.

TABLEAU DU SYSTÈME SEXUEL.

	Noms des plantes données pour exemple.
Classe 1ere. Monandrie.	Balisier d'Inde.
Classe 2e. Diandrie.	Véronique chamædrys.
Classe 3e. Triandrie.	Ixia safrané.
Classe 4e. Tétrandrie.	Scabieuse des champs.
Classe 5e. Pentandrie.	Chèvrefeuille des jardins.
Classe 6e. Hexandrie.	Lis blanc.
Classe 7e. Heptandrie.	Marronnier d'Inde.
Classe 8e. Octandrie.	Fuchsie écarlate.
Classe 9e. Ennéandrie.	Butome ombellé.
Classe 10e. Décandrie.	Rhexie élevée.
Classe 11e. Dodécandrie.	Halesie à quatre ailes.
Classe 12e. Icosandrie.	Potentille frutiqueuse.
Classe 13e. Polyandrie.	Sparmannia d'Afrique.
Classe 14e. Didynamie.	Germandrée frutescente.
Classe 15e. Tétradynamie.	Raifort cultivé.
Classe 16e. Monadelphie.	Lavatère à grandes fleurs.
Classe 17e. Diadelphie.	Baguenaudier intermédiaire.
Classe 18e. Polyadelphie.	{ Mélaleuque à Feuilles de millepertuis.
Classe 19e. Syngénésie.	{ Chrysanthème à grandes fleurs.
Classe 20e. Gynandrie.	Aristoloche élevée.
Classe 21e. Monœcie.	Coudrier d'Amérique.
Classe 22e. Diœcie.	Alchornée à feuilles larges.
Classe 23e. Polygamie.	Févier d'Amérique.
Classe 24e. Cryptogamie.	{ a Champignons, b Rue de muraille.

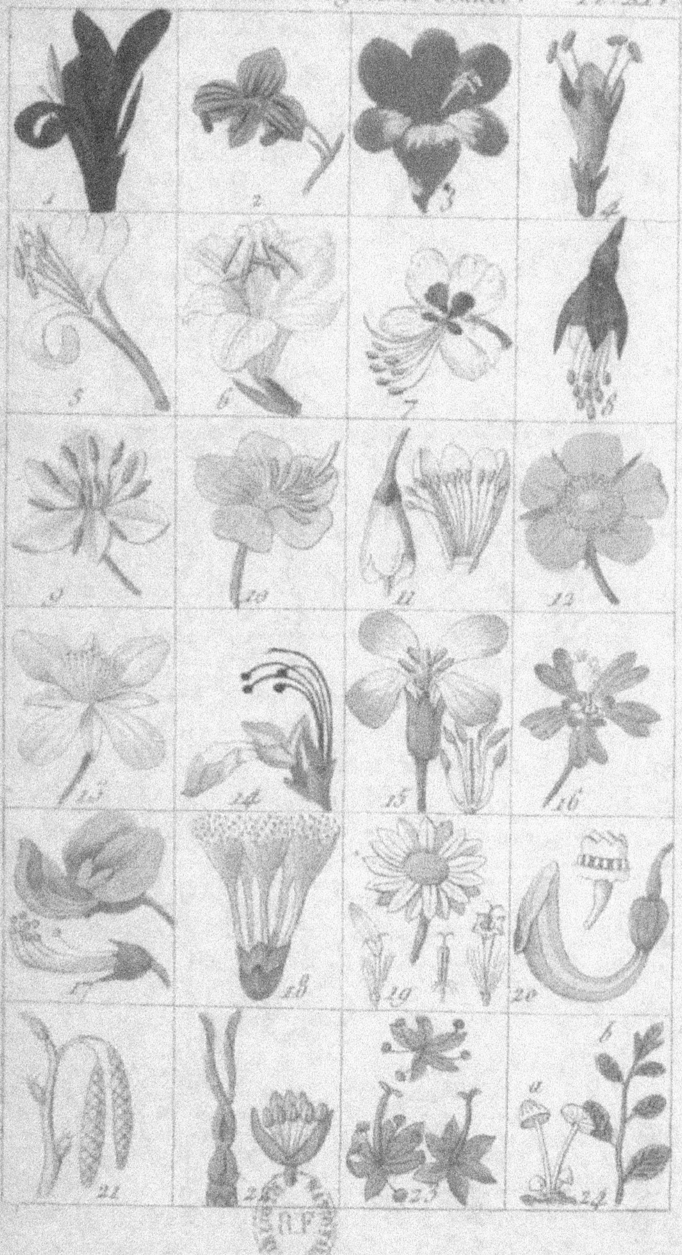

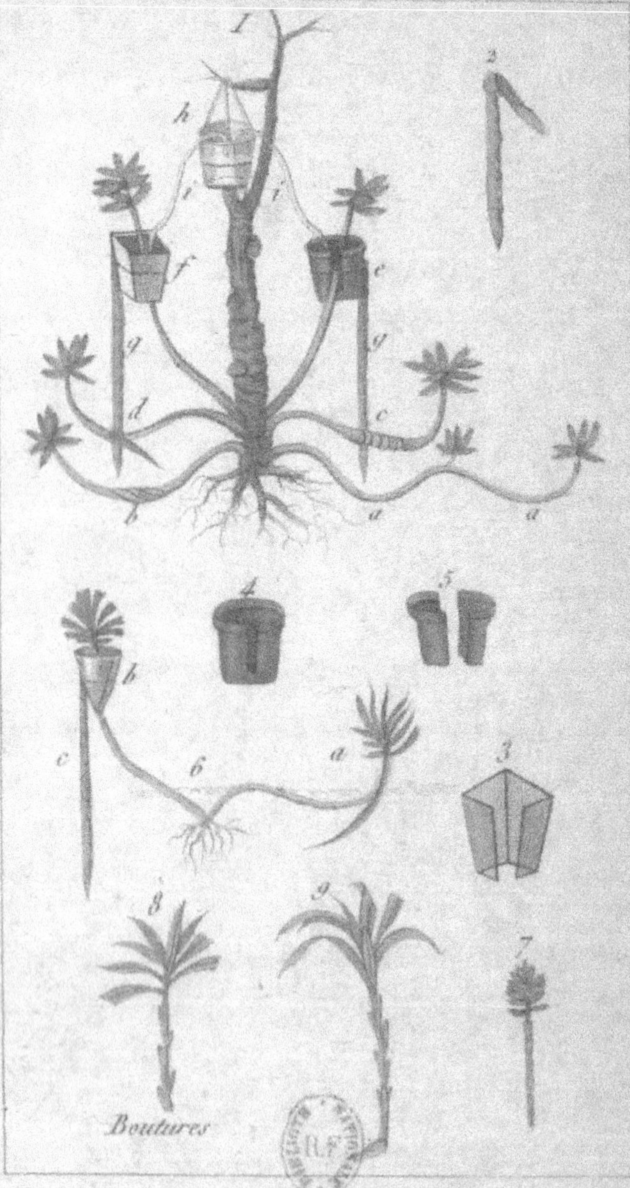
1
2
h
i
i
f
e
g
g
d
c
b
a
a
4
5
b
c
6
a
3
8
9
7
Boutures

PLANCHE XV.

—

MARCOTTES ET BOUTURES.

Marcottes, fig. 1 et 6.

    Plongées en terre, 1 *a a b c d*, et fig. 6 *a*.

    Simples, 1 *a a*.

    Torse, fig. 1 *b*.

    Étranglée, fig. 1 *c*.

    Incisée, fig. 1 *d*, et fig. 6 *a*.

Crochet qu'on enfonce en terre pour assujettir les marcottes, fig. 2.

Marcottes en l'air, fig. 1 *e f*, et fig. 6 *b*.

    En pot, fig. 1 *e*.

    En lanterne, fig. 1 *f*.

    Dans un cornet de plomb, fig. 6 *b*.

Lanterne de verre, fig. 3.

Deux modèles de pots, pour faire des marcottes en l'air, fig. 4 et 5.

Bâtons fichés en terre pour les assujettir, fig. 1 *g g*, et fig. 6 *c*.

Verre ou vase suspendu, fig. 1 *h*, et tenu toujours plein d'eau, pour que se filtrant par les mêches de coton *i i* qui y trempent d'un bout, elle tienne en fraîcheur continuelle la terre des pots ou lanternes, sur laquelle pose l'autre bout des mêches.

Boutures préparées par le retranchement des feuilles inférieures coupées, et sans talon, fig. 7 et 8.

Bouture arrachée avec talon, fig. 9.

PLANCHE XVI.

GREFFES.

GREFFES en approche, fig. 1 et 2. — *a*, sujet sur lequel s'applique la greffe : — *b* greffe ou rameau de l'arbre qu'on veut propager: — *c* fig. 1, point où il faudra couper le sujet lorsque la greffe sera bien collée : — *d* fig. 1, point où il faudra couper la greffe à la même époque.

Observation. Ces amputations ne doivent se faire, 1°. qu'avec l'extrême précaution de ne point décoller, même ébranler la greffe ; 2°. petit à petit ; 3 et à plusieurs reprises distantes entre elles de quelques jours.

Greffes en fente, fig. 3, 3 A et 3 B. Les lettres *b* indiquent les sujets sur lesquels on pratique la fente *c* fig. 3, ou les fentes *c c* fig. 3 B, pour y introduire la greffe ou les rameaux *a a* taillés en triangle aminci comme dans celui représenté à part. Il faut que ce rameau entre juste et de manière que son écorce touche le mieux possible, celle de la fente dans toute sa longueur. Si cette fente est pratiquée dans la totalité du diamètre, on peut mettre deux greffes, une de chaque côté, fig. 3 B : le tout se recouvre d'onguent de St.-Fiacre, maintenu par un linge qui enveloppe toute la plaie.

Greffe en flûte, fig. 4. — *a* le sujet sur lequel on a enlevé un anneau circulaire d'écorce pour y substituer celui *b* enlevé avec des yeux, sur un rameau de même grosseur de l'arbre dont on veut propager la race.

Greffe en écusson, fig. 5 et 5 A. — *a* écusson enlevé avec son œil, et un peu de sa feuille sur l'arbre qu'on

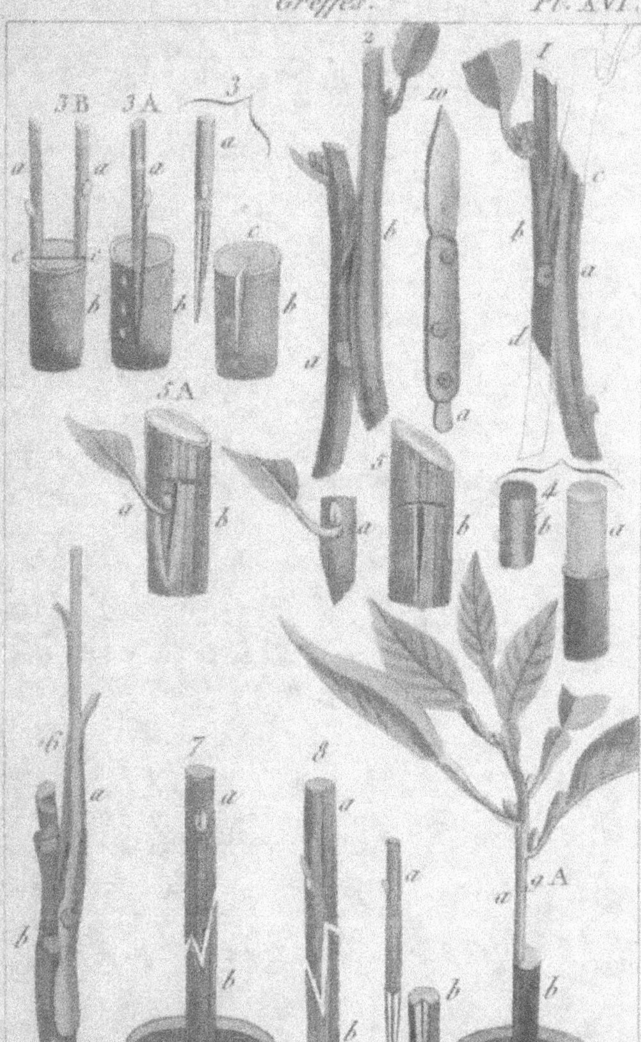

désire multiplier : — *b*, sujet sur lequel on fait, avec la lame du greffoir, fig. 10, une fente en T, et dont au moyen de la languette *a* du bout du greffoir, on a soulevé suffisamment les lèvres, pour y introduire l'écusson ainsi qu'on le voit fig. 5 A.

Greffes de rapport, fig. 6, 7 et 8.

Fig. 6, Greffe appelée nous ne savons pourquoi, *Greffe anglaise*. — *a* greffe ou rameau pris sur l'arbre à multiplier, que d'abord on coupe en biseau, et auquel on fait une hoche de bas en haut : — *b* le sujet qu'on coupe également en biseau vers le haut duquel on fait une hoche de même longueur, mais de haut en bas, afin que la greffe et le sujet puissent s'ajuster assez bien pour que les écorces de l'un et de l'autre coïncident parfaitement.

Fig. 7 et 8, *a a* rameaux ou greffes que l'on choisit de grosseur égale à celle des sujets *b b*, et au bout desquels on fait des incisions assez justes pour qu'elles s'engrènent parfaitement dans les incisions à contre-partie que l'on fait aux sujets.

Greffe à la Huart, fig. 9 et 9 A : — *a*, rameau garni de ses feuilles, dont on taille le bout en triangle aminci et de manière qu'ajusté dans un vide de mêmes forme et longueur pratiqué au sujet *b*, les écorces s'abouchent exactement. Le rameau et le sujet doivent être à peu près de même grosseur.

Cete greffe, aussi-bien que les greffes de rapport, se maintient ensuite par quelques tours de laine à tricoter.

26

PLANCHE XVII.

DISPOSITION DES ARBRES EN ESPALIERS.

1   Jeune arbre de deux ans, dont les branches mères ne sont encore ouvertes qu'à l'angle de 45 degrés, mais que l'on devra ouvrir successivement chaque année, jusqu'à ce qu'elles soient dans une direction presque horizontale.

2   Arbre de quatre ans, plus ouvert, et dont l'intérieur commence à se garnir de nouveaux membres, qui seront aussi successivement rejetés sur les côtés, à mesure que l'on abaissera les deux branches mères.

Taille à la Montreuil. Pl. XVII.

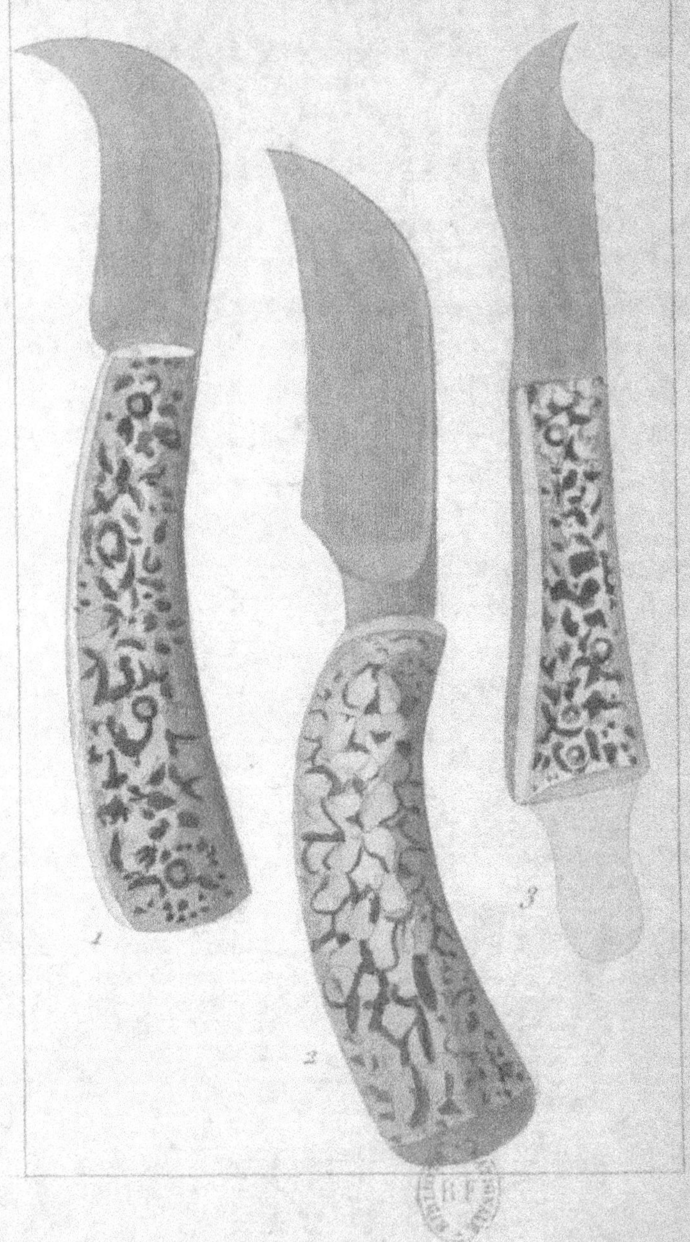

Outils. de Jardinage. Pl. XVIII.

PLANCHE XVIII.

Outils de Jardinage.

1 Serpette ordinaire.
2 Serpette anglaise.
5 Greffoir différent de celui qui est représenté pl. XVI.

PLANCHE XIX.

OUTILS DE JARDINAGE.

1　Bêche ordinaire.
2　Pelle anglaise.
3　Pelle ferrée ou Louchet.
4　Pelle de bois.
5　Ratissoire à pousser.
6　Ratissoire à tirer.
7　Petite Houe à dents.
8　Fourche ordinaire.
9　Plantoir.

OBSERV. On ne saurait trop répéter qu'il y a beaucoup d'inconvéniens à se servir du plantoir, et qu'on ne doit l'employer que pour les légumes ou fleurs qui se repiquent en très-grande quantité.

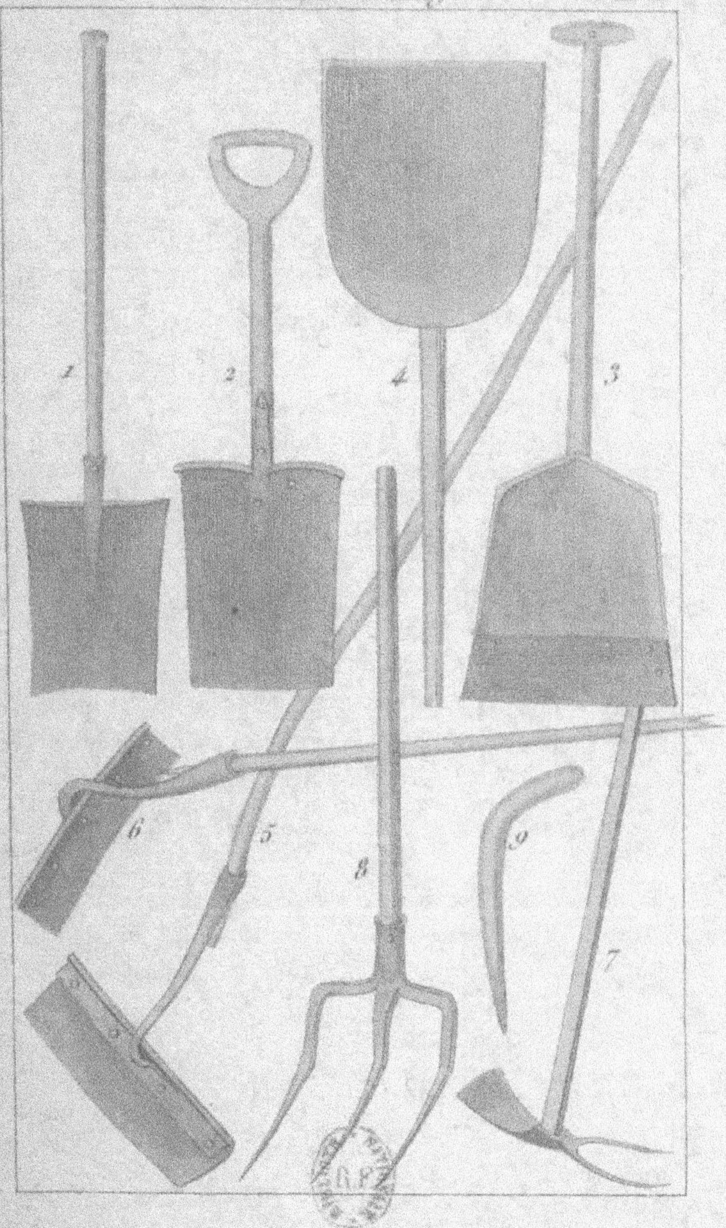

Outils de Jardinage.
Pl. XIX.
1
2
4
3
6
5
8
9
7

29

PLANCHE XX.

OUTILS DE JARDINAGE.

1   Croissant.
2   Échenilloir.
5   Rateau double à dents de bois , ou Fau-
      chet.
4   Rateau simple à dents de fer.
5   Pioche à deux dents.
6   Couteau pour cueillir les asperges.

PLANCHE XXI.

Outils de Jardinage.

1 Serpe ordinaire.
2 Cisailles ou Ciseaux à tondre les haies et les bordures.
3 Scie à main , ou Egoïne.
4 Petit Croissant qui se visse au bout d'une canne.
5 Hachette de Forsith.
6 Couteau à scie.
7 Cordeau avec ses piquets.

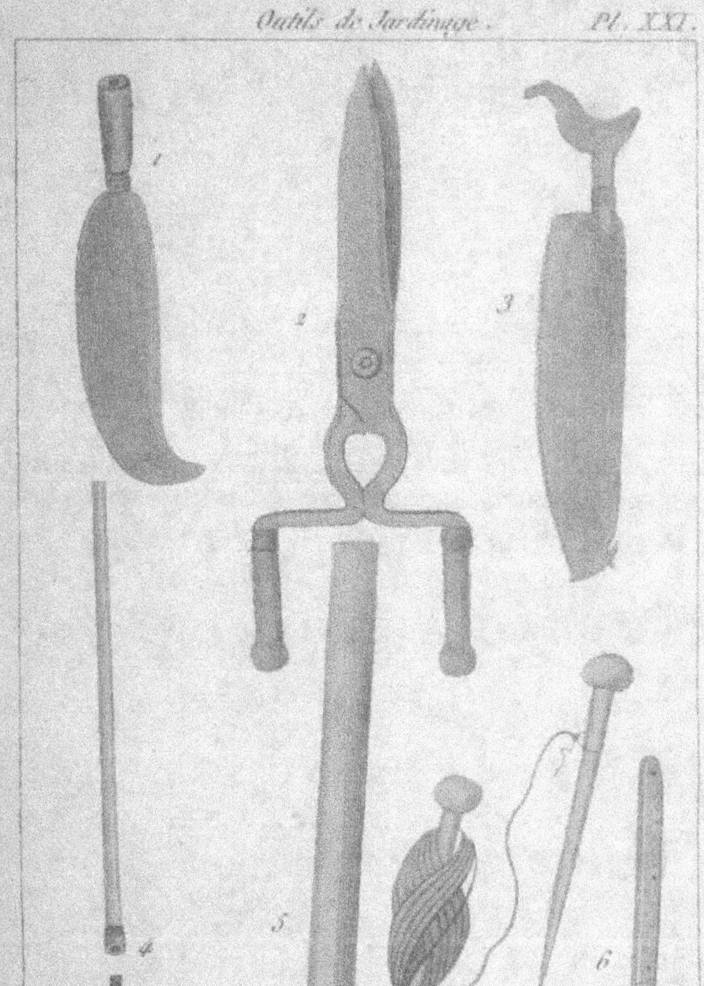

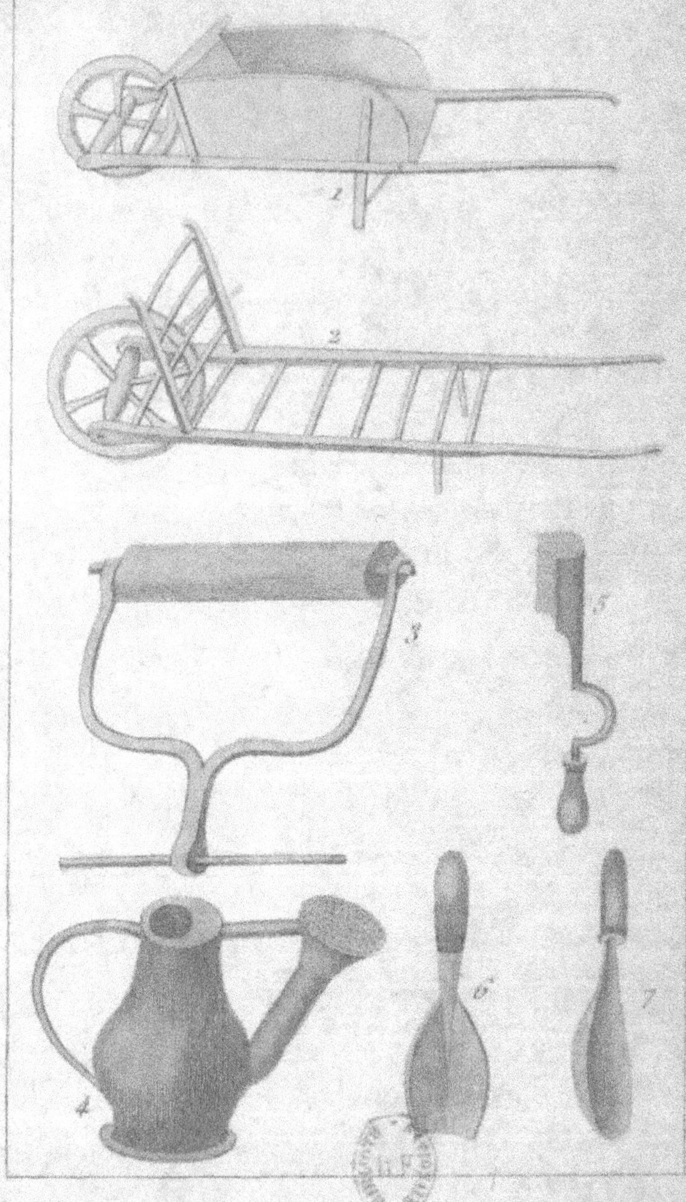

PLANCHE XXII.

OUTILS DE JARDINAGE.

1 Brouette.
2 Brouette à civière.
3 Rouleau à Cylindre.
4 Arrosoir à pomme.
5 Déplantoir ou Gouge pour lever les
   ognons en fleur.
6 Autre Déplantoir ou petite spatule pour
   lever des plantes en motte.
7 Autre Déplantoir aussi en spatule pour
   le même usage.

32

PLANCHE XXIII.

Outils de Jardinage.

1 Caisse à panneaux cloués, pour de petits Orangers.
2 Grande Caisse à panneaux mobiles pour de gros Orangers.
3 Terrine.
4 Pot-à-fleur.
5 Socle entouré d'eau, que l'on met sous les pieds des caisses afin que les fourmis ne puisseut y monter.
6 Arrosoir à bec mobile.
7 Petite tête qu'on peut mettre en place du bec.
8 Seringue pour mouiller et laver la tête des arbres.
9 Pompe servant au même usage.

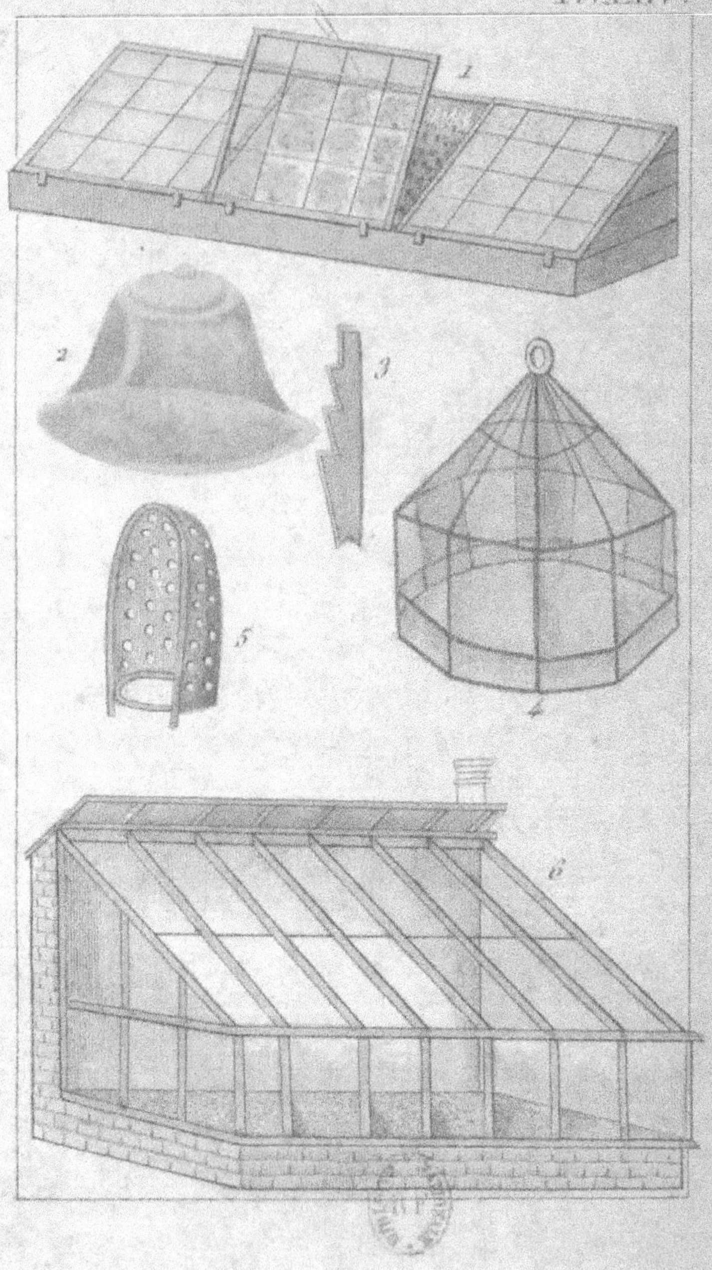

PLANCHE XXIV.

1 Chassis de trois panneaux.
2 Cloche de verre.
3 Crémaillère pour élever la cloche, et aussi les panneaux des châssis.
4 Autre cloche en vitrerie.
5 Demi-cage pour ombrager les plantes qui craignent le grand soleil.
6 Serre chaude surmontée d'un auvent. Il y a des Serres chaudes qui, en place d'un auvent, ont une rampe et un plat-bord sur lequel on marche pour couvrir les panneaux vitrés avec des paillassons ou des toiles dans les fortes gelées, ou lorsque les rayons du soleil sont trop ardens, et encore pour les préserver de la grêle, lorsque certains nuages orageux en font craindre.

PLANCHE XXV.

OUTILS DE JARDINAGE.

1 Cueilloir.

Cet ustensile est en bois, et il a à peu près la forme d'un volant. La hauteur de ce que l'on peut appeler le gobelet doit avoir cinq à six pouces, et on lui donne un manche de 8 à 12 pieds de longueur. Le cueilloir est très-commode pour cueillir les fruits sur les arbres en plein vent et les pyramides; il dispense de se servir d'échelles, surtout lorsque les fruits sont peu nombreux, ou qu'on ne veut en avoir qu'un ou deux pour les faire goûter. Pour s'en servir, on fait entrer le fruit qu'on veut avoir dans le gobelet du cueilloir, de manière à ce que le pédoncule étant pris entre deux lames, il se détache par un demi-tour de main qu'on fait faire au manche.

2 Houe.

3 Crochet.

4 Bêche en fourche.

5 Pioche.

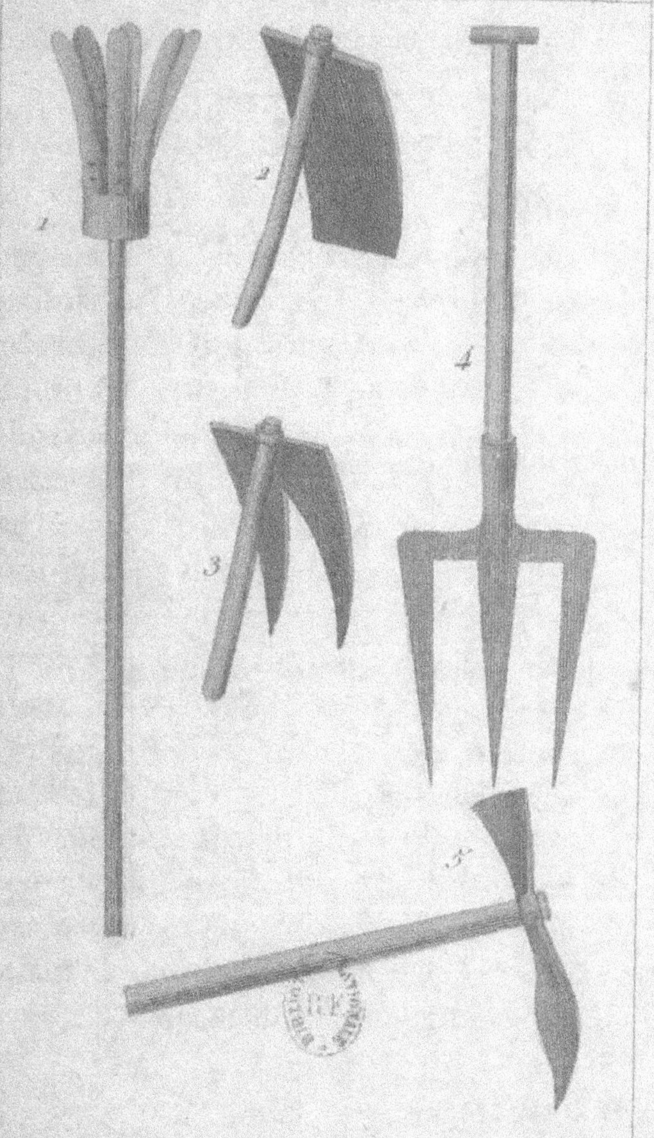

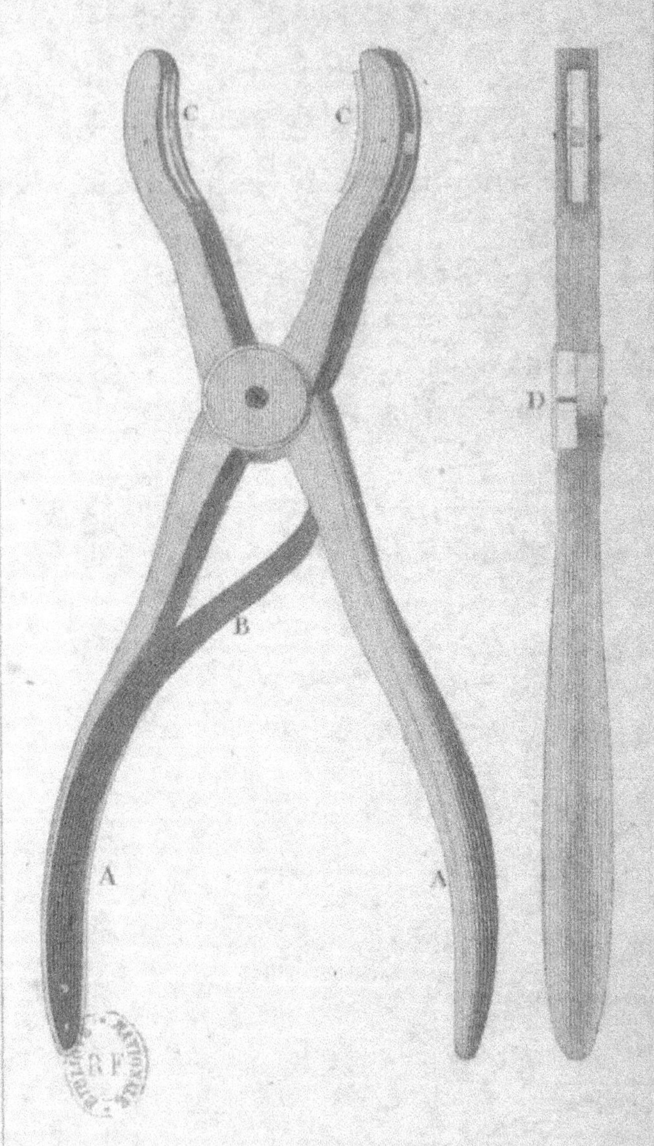

C
C
D
B
A
A

PLANCHE XXVI.

OUTIL DE JARDINAGE.

Inciseur annullaire , inventé par M. Bettinger.

AA   Les deux branches.
B   Ressort à paillettes.
CC   Les lames.
D   Une branche vue intérieurement.

PLANCHE XXVII.

___

OUTIL DE JARDINAGE.

Sécateur.

AA Les deux branches.

BB Les ressorts.

C La lame tranchante. En serrant les branches de l'instrument, cette lame coupe net par sa rencontre avec le biseau D.

La fig. E fait voir le profil de la lame C.

F Est une corde pour tenir l'outil fermé.

Le sécateur remplace, avec avantage, la serpette pour la taille d'été et pour la vigne. Au moyen de cet instrument, on fait, en une heure, ce qui en exige quatre lorsqu'on fait usage de la serpette.

___

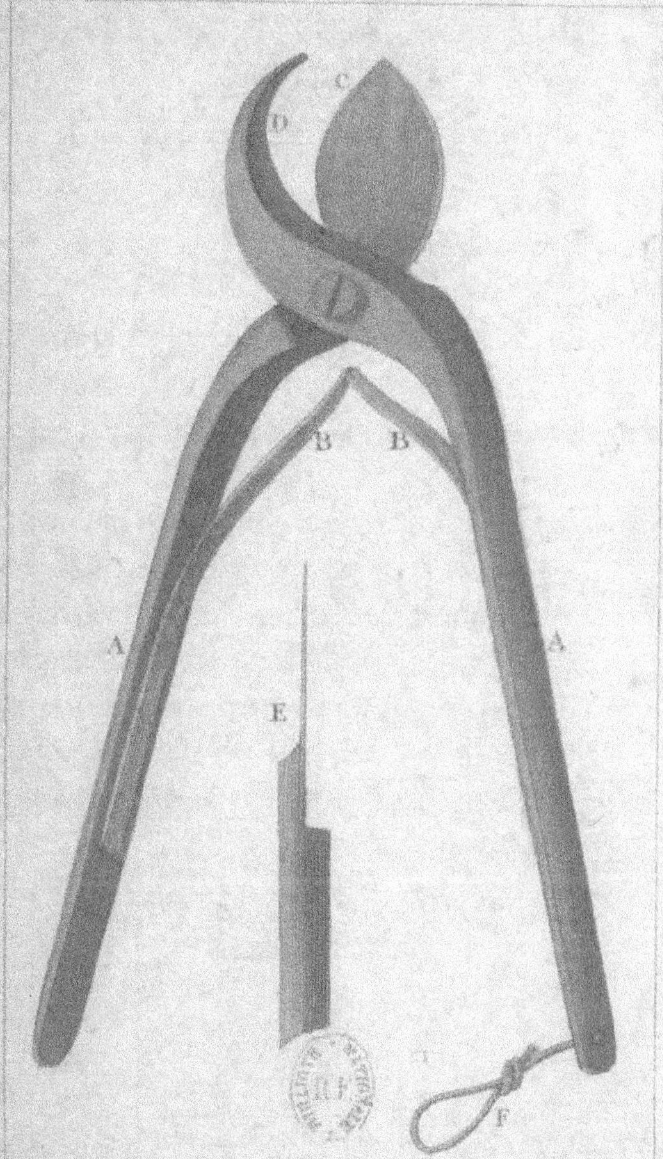

Outil de Jardinage.   Pl. XXVII.
C
D
D
B B
A   A
E
F